Damian Izdebski

MEINE
BESTEN
FEHLER

#startupagain

STEINVERLAG

Meinen beiden Kindern Viktoria und Dominik gewidmet.

Ich hoffe, dass sie in Zukunft ihre Ideen verwirklichen werden und in egal welchem Lebensbereich die Dinge neugierig und beherzt anpacken. Sollten sie scheitern, wünsche ich Ihnen Kraft und Mut, damit sie wieder aufstehen und einen Neuanfang wagen.

Covergestaltung: Simone Scheutz
Coverfoto: Anna Rauchenberger / annarauchenberger.com
Druck: »agensketterl« Druckerei GmbH
Copyright: © 2015 by STEINVERLAG GmbH
A-3632 Bad Traunstein

www.steinverlag.at

ISBN 978-3-901392-55-9

Dieses Buch ist digital unter der ISBN 978-3-901392-56-6
für alle gängigen e-Book-reader erschienen.

Ein persönlicher Ratgeber für Unternehmer.
Nichts für Unterlasser.

INHALT

VORWORT

Die wirtschaftlichen Zeiten sind fordernd. Europa drohen japanische Verhältnisse. Die Wirtschaft entwickelt sich seitwärts – und nicht nach oben. In Zeiten wie diesen kommt es ganz besonders auf unternehmerisches Engagement an. Es wird so viel über Startups geredet wie noch nie zuvor. Und darüber, wie man auch hierzulande eine dynamische Entrepreneurship-Kultur wie in den USA etablieren kann. Das ist gut.

Weniger gut ist, dass die zweite Seite der Medaille ausgeblendet wird. Dass nämlich zum Unternehmertum immer auch die Gefahr des Scheiterns gehört. In den USA wird unternehmerisches Scheitern nicht stigmatisiert. Im Gegenteil. Es ist selbstverständlicher Teil des Wirtschaftsalltags. Ich habe es während eines USA-Aufenthalts am eigenen Leib gespürt: Anstatt an den Pranger gestellt zu werden, wollten alle aus meinen Fehler lernen. Ich wurde sogar an eine der besten Universitäten der Welt eingeladen, um dort Vorträge zu halten, von meinen Erfahrungen zu berichten.

Vergangenes Jahr hat US-Botschafterin Alexa Wesner, die selbst zwei Unternehmen gegründet hat, bei einem Gespräch mit österreichischen Jungunternehmern erklärt: Wenn sie zwei Marketing-Experten zur Wahl habe, entscheide sie sich für jenen, der schon einmal gescheitert ist. Die Überlegung dahinter ist klar: Wer gescheitert ist, weiß wie's besser geht.

Bei uns wäre ein solches Entscheidungskriterium bei der Wahl von Geschäftspartnern undenkbar. Doch meiner Ansicht nach sollte sich dies im Interesse des Wirtschaftsstandortes und seiner Dynamik ändern.

Ich weiß, was unternehmerischer Erfolg ist. Und ich habe erlebt, was unternehmerisches Scheitern bedeutet. Eines ist sicher: Ich bin und bleibe Unternehmer. Aus diesem Grund habe ich diesen kleinen Ratgeber verfasst. Ich arbeite darin meine bisherige unternehmerische Geschichte auf. Meine Erfolgsgeschichte und meine Geschichte des Scheiterns. Und ich mache jene Fehler zum Thema, aus denen ich für die Zukunft gelernt habe. Und aus denen hoffentlich viele andere lernen können. Denn darauf kommt es an.

Ich widme diesen kleinen Ratgeber all jenen, die Unternehmer werden wollen, Unternehmer sind, Unternehmer waren. Ich widme diesen Ratgeber jenen, die mit ihrem Unternehmen gescheitert sind und die als Unternehmer wieder an den Start gehen. Denn nicht das Umfallen – das Scheitern – ist das Problem. Sondern das Liegenbleiben. Nicht die Unternehmen sind in unserer Gesellschaft das Problem, sondern das Unterlassen.

Ich wünsche Ihnen mit meinen besten Fehlern eine interessante und hoffentlich ertragreiche Lektüre.

Unternehmen Sie etwas – und viel Erfolg dabei!

Damian Izdebski

Kapitel 1

DIE GESCHICHTE DES ERFOLGES

MENSCHEN, die etwas bis zur Perfektion beherrschen, habe ich schon immer bewundert. Ein Musikinstrument oder ein Handwerk. Oder auch die Kunst, ein Rennauto am Limit zu bewegen. Ich habe diese Form der Perfektion nie erreicht. Eigentlich kann ich nichts richtig. Ich bin auf keinem Gebiet ein Spezialist.

Manche behaupten, wer nichts perfekt könne, könne auch kein guter Unternehmer sein. Ist das wirklich so? Warum ist es uns dann gelungen, mit DiTech ein Unternehmen aufzubauen, das über 350 Menschen beschäftigt und kumuliert über 1 Milliarde Euro Umsatz gemacht hat? Wer sind eigentlich gute Unternehmer? Was zeichnet sie aus? Oder kommt es auf den Zufall und viel Glück an?

Gegen den Strom

Mir wurde unternehmerisches Denken und Handeln tatsächlich schon in die Wiege gelegt. Ich bin 1976 in Polen in der Nähe von Warschau in eine Unternehmerfamilie geboren worden. Etwas, was im kommunistischen Polen eigentlich unmöglich war. Trotzdem gelang es meinen Eltern, gegen den kommunistischen Strom der Gleichmacherei zu schwimmen. Zuerst mit einem Obst- und Gemüsegeschäft, später mit einem Blumenhandel. In der zweiten Hälfte der 1980er Jahre begann mein Vater mit dem Handeln mit Elektronikgeräten. Er hat Videorecorder, Fernseher, Sat-Anlagen und Autoradios aus Westberlin importiert und in seinen zwei kleinen Geschäften verkauft. Dazu wurden Reparaturen und Montagen angeboten.

Kunden am Küchentisch

Unser größtes Geschäft befand sich im Erdgeschoss unseres Hauses. Ich war bereits als Zehnjähriger Teil des Unternehmens. Als Zwölfjähriger habe ich nach der Schule Autoradios montiert, TV-Geräte repariert und die Techniker bei der Montage von SAT-Antennen unterstützt. Bei uns daheim am Küchentisch wurde immer viel über Kunden, ihre Bedürfnisse und neue Chancen gesprochen.

Ich habe früh gelernt, dass sich Leistung auszahlt. Meine Eltern haben mir kein Taschengeld gegeben, ich hatte aber bereits sehr früh die Möglichkeit, in unserem Familienunternehmen Geld zu verdienen. Gab es größere Mengen von Kartons mit Waren auszuladen, übernahm ich den »Auftrag« von meinem Vater. Selbstverständlich gegen entsprechendes Honorar, das wir vorher vereinbart hatten. Am Anfang habe ich diese Tätigkeiten alleine übernommen, später lernte ich, was Skaleneffekte sind. Für die Entladung der Waren-Container habe ich Schulkollegen als Subunternehmer beschäftigt, welche die Arbeit verrichteten. Einen Teil der Entlohnung konnte ich als meinen Gewinn behalten. Egal, ob ein neuer Walkman oder ein Fahrrad: Jetzt konnte ich mir meine Wünsche erfüllen. Ich konnte genau berechnen, wie viel ich arbeiten musste, um mir das leisten zu können.

Erste Schritte als Verkäufer

Unternehmergeist war auch nach der Übersiedelung unserer Familie nach Österreich gefragt. Eine Entscheidung meines Vaters, der damit einmal mehr Mut und Unternehmergeist bewies. Ohne jegliche Deutschkenntnisse begann ich als 16-jähriger Teenager eine Ausbildung an einer privaten Wiener Handelsschule mit Schwerpunkt IT und Programmierung. Die Kosten dieser Ausbildung habe ich mir dadurch finanziert, dass ich zwei Jahre lang jeden Sonntag hinter der polnischen Kirche in Wien polnische Zeitungen verkauft habe. Die Zeitungen wurden jede Woche aus Krakau importiert.

Der Beginn einer Erfolgsgeschichte

Nach zwei Jahren in dieser privaten Informatik-Schule wechselte ich in eine Abend-Handelsakademie für Berufstätige und begann gleichzeitig als angestellter Software-Entwickler Vollzeit zu arbeiten. Den Job hatte mir mein Informatiklehrer vermittelt. Nach zwei Jahren habe ich aber erkannt, dass ich mein eigenes Business aufbauen möchte, dass ich selber Entscheidungen treffen will und dass ich mehr als nur ein Stundenhonorar verdienen möchte.

Mit 21 Jahren begann ich, als selbständiger Techniker die IT-Infrastruktur für einige kleinere Firmen in Wien zu betreuen. Von unserer Wohnung aus, die zugleich auch unser Lager, Werkstätte und Büro war. Ich war ununterbrochen im Einsatz, aber es zahlte sich aus.

Das Geschäft mit Netzwerkinstallationen, Computer-Upgrades, Serverbetreuung sowie Programmierung von Internetseiten und Datenbanken wuchs schnell. Die Kunden waren sehr zufrieden, die Mundpropaganda unser einziges, aber sehr wirkungsvolles Marketinginstrument.

1999 war es dann soweit: Mit 250.000 Schilling, die uns ein befreundeter Arzt – heute würde man sagen

»Business Angel« – geliehen hatte, gründeten meine Frau Aleksandra und ich die Firma DiTech Daten- und Informationstechnik GmbH. Eine Erfolgsgeschichte begann. Das Risiko zahlte sich aus.

Revolutionärer Online-Shop

Der Fokus des Unternehmens auf anfänglich nur IT-Dienstleistungen wurde sehr bald vergrößert. Wir stiegen in den Einzelhandel mit Computern, Computerzubehör und Computerbauteilen ein.

Wir nahmen die ersten Mitarbeiter auf, die Anzahl der Kunden vervielfachte sich.

Im Jahr 2000 erhielten wir den Vorschlag, als Händler am Preisvergleichsportal www.geizhals.at gelistet zu werden. Voraussetzung dafür war allerdings ein Online-Shop. Zusammen mit einem Freund programmierten wir innerhalb weniger Tage den ersten DiTech-Online-Shop und gingen unter der Adresse www.CompuShop.at online.

Bereits in dieser frühen Phase war der Online-Shop unserer jungen Firma revolutionär. Wir schafften es, den Kunden in Echtzeit den Lagerstand aller Produkte im Internet anzuzeigen. Neben dem klassischen Versand wurde auch eine Online-Reservierung sowie Express-zustellung der Hardware innerhalb von drei Stunden angeboten. Diese Möglichkeiten und Funktionen waren damals in Europa alles andere als selbstverständlich. Wir waren eine der ersten Firmen, die im Internethandel auf höchstmögliche Transparenz gegenüber dem Kunden gesetzt hat. Neben dem genauen Lagerstand haben wir die Kunden online über die zu erwartenden Lieferzeiten informiert. Man konnte die zeitliche Entwicklung des Preises jedes einzelnen Produktes in Form von Online-Charts nachvollziehen und jeder Artikel auf unserer Seite war mit der Preisvergleichsplattform verknüpft. So haben wir den Vergleich für unsere Kunden so leicht wie möglich gemacht.

Firma statt Studium

Die uneingeschränkte Aufmerksamkeit und der volle Einsatz von mir und meiner Frau galten ausschließlich unserem jungen Unternehmen. Wir beide waren uns für nichts zu schade. Ich stand als Verkäufer hinter dem Pult und nach Geschäftsschluss habe ich Rechner repariert. Aleksandra verteilte unsere Flugblätter, gestaltete das Geschäft und machte die Buchhaltung. Die Grenzen zwischen Berufs- und Privatleben waren nicht existent. Die positive Geschäftsentwicklung stand immer im Vordergrund.

Nach der Handelsakademie-Matura begann ich mein Wirtschaftsinformatik Studium an der Technischen Universität in Wien, konzentrierte mich aber eher auf meine junge Firma als auf die Uni. Eigentlich habe ich nie geglaubt, dass ich das Studium je erfolgreich abschließen werde. Die eigene Firma und ihr wachsender Erfolg haben zu viel Spaß gemacht. Die Entscheidung überhaupt zu studieren, hatte ich nur meinen Eltern zuliebe getroffen. Sie meinten, ein Abschluss wäre wichtig und sinnvoll für meine Zukunft.

Im Rahmen einer theoretischen Projektarbeit präsentierte ich meinem BWL-Professor die Umsatzzahlen meiner Firma. Er hat meine Projektarbeit als Science-Fiction und realitätsfremd bezeichnet. Dass es die realen Umsätze meines damals eineinhalb Jahre alten Unternehmens waren, wusste er nicht. Im Jahr 2000 habe ich mich dazu entschlossen, mein Studium nach vier Semestern abzubrechen.

Führender Online-Händler

Unser Multi-Channel-Konzept, also die Verknüpfung zwischen einem professionellen Online-Shop, einer schnellen Logistik sowie einer kompetenten Beratung in den Filialen waren die wichtigsten Säulen des Unternehmens. Durch das Listing auf der Preisvergleichsseite www.geizhals.at sowie mit der Programmierung intelligenter und raffinierter Preis-Roboter, die andere Online-Händler automatisch unterboten, wuchsen wir rasch. Wir wurden zu einem der führenden Online-Händler in Österreich. In den letzten Jahren haben wir durchschnittlich rund 30 Prozent unseres Jahresumsatzes im Internet gemacht. Anders ausgedrückt: Kumuliert über die gesamte Firmengeschichte erwirtschafteten wir online mehr als 250 Mio. Euro Umsatz und bearbeiteten über 1 Mio. einzelne Online-Bestellungen.

Mehr Geschäft, mehr Platz

Wir mussten nahezu jedes Quartal zusätzliche Büro- und Lagerräumlichkeiten anmieten. Nach der ersten Filiale 2005 in Graz folgten weitere Standorte in Wien, Klagenfurt und Innsbruck. Mit unserer Tochterfirma dimotion stellten wir PC-Systeme, Notebooks und Server her. Im November 2011 war dimotion die meistverkaufte PC-Marke in Österreich.

Im Jahr 2007 errichteten wir eine 4.000 Quadratmeter große Firmenzentrale. Nur wenige Monate später nahm unser modernes Lager- und Logistikzentrum mit rund 5.000 Quadratmetern in Wien den Betrieb auf.

Starke Marke

In den folgenden Jahren wuchs DiTech kontinuierlich mit 15 bis 30 Prozent pro Jahr. Wir bauten das Filialnetz auf insgesamt 22 Standorte aus, weiteten das Logistikzentrum auf 8.000 Quadratmeter aus. Das Unternehmen lief auf Hochtouren. Wir haben an guten Tagen zwischen 300 und 400 PC-Systeme und Notebooks assembliert. Bis zu 1.000 Pakete haben am Abend das Logistikzentrum verlassen. Das DiTech-Team zählte Ende 2012 fast 350 Mitarbeiter.

Die starke und klar positionierte Marke DiTech machte es möglich, dass sich das Unternehmen als Qualitätsanbieter am Markt etablieren konnte. So entkamen wir ein wenig der »Geiz-Ist-Geil«-Mentalität und dem damit verbundenen Preis-Dumping in der Branche.

In den letzten Jahren waren wir nicht der billigste Händler am Markt. Wir wollten und konnten das nicht sein. Als Multi-Channel-Anbieter mussten wir im Internet mit reinen Online-Shops konkurrieren. Gleichzeitig hatten wir die Kostenstruktur eines stationären Händlers und den Anspruch, ein hohes Level beim Kundenservice zu bieten.

Es war auch nicht mehr notwendig, um jeden Preis der billigste zu sein. Die Kunden schätzten das Gesamtpaket DiTech. Die Auswahl, die Beratung, die hohe Verfügbarkeit und schnelle Lieferung, dazu noch das Filialnetz in ganz Österreich. Und wenn etwas mal nicht funktionierte, hatten wir an jedem Standort eine Werkstätte und ein Techniker-Team, das dem Kunden helfend zu Seite stand. Das hat uns so einzigartig am Markt gemacht – und war jedem Kunden einen um ein paar Prozent höheren Preis wert.

DiTech wurde mehrmals zum größten und besten Online-Shop in Österreich gewählt, zum besten Elektronikhändler des Landes beziehungsweise zum besten Computergeschäft. Das Unternehmen zählte über 550.000 registrierte Kunden in Österreich: Jeder zehnte erwachsene Österreicher war als Kunde registriert. Unser Bekanntheitsgrad lag bei über 60 Prozent.

Fähigkeiten, die entscheiden

War alles an dieser unternehmerischen Erfolgsgeschichte nur ein Zufall oder einfach viel Glück? Haben wir DiTech bloß zum richtigen Zeitpunkt am richtigen Ort gegründet? Bin ich einfach nur an die richtigen Menschen geraten?

In unternehmerischen Erfolgsgeschichten bündeln sich die unterschiedlichsten Fähigkeiten – und vor allem die Kombination bestimmter Kenntnisse. Jemand, der mich sehr gut kennt, hat mein Leistungsvermögen auf den Punkt gebracht und mich folgendermaßen beschrieben: »Er ist eine sehr seltene Mischung aus einem Techniker und einem Verkäufer.« Doch die Stärken eines Technikers und die eines Verkäufers stehen meistens im Konflikt zu einander. Während der Techniker sehr rational, detailverliebt und persönlich eher introvertiert ist, zeichnen einen guten Verkäufer vor allem seine Stärke in der Kommunikation aus. Weitere Merkmale sind eine ausgeprägte soziale Kompetenz und die Fähigkeit, Vertrauen aufzubauen und damit Menschen für seine Produkte oder Dienstleistungen zu begeistern.

Verkauf braucht Vertrauen

Wer eine komplexe Materie mit einfachen Worten erklären kann, der kann damit auch Vertrauen aufbauen. Es ist dabei egal, ob es sich um ein Doppelkupplungsgetriebe, um ein Streaming-Service oder um eine Brandmeldeanlage handelt. Es geht darum, Vergleiche zu ziehen, Geschichten zu erzählen und Bilder im Kopf zu kreieren. Das habe ich schon als Kind gespürt: Vertrauen ist der erste und wichtigste Schritt, um etwas erfolgreich zu verkaufen.

Das Feuer unternehmerischer Leidenschaft

Ein weiterer unternehmerischer Erfolgsfaktor ist, meiner Wahrnehmung nach, die Motivationskraft. In den Gesprächen mit einigen meiner engeren Ex-Mitarbeiter habe ich nach der Pleite erfahren, dass viele von ihnen gar nicht für DiTech gearbeitet haben. Sondern für mich. Anfangs habe ich nicht verstanden, was gemeint war. Aber offensichtlich war meine wichtigste Gabe und gleichzeitig meine wichtigste Rolle im Unternehmen, andere Menschen für (m)eine Sache zu begeistern und sie mitzureißen.

Ich habe in der Zwischenzeit begonnen, auf dieses »Feuer« bei anderen Unternehmern bewusster zu achten. Heute bin ich davon überzeugt, dass es offensichtlich die wichtigste Eigenschaft ist, die ein Unternehmer mitbringen muss. Wenn man an etwas glaubt und ein Ziel mit einer großen Leidenschaft verfolgt, dann generiert man eine extreme Energie – und diese Energie strahlt man auch aus. In jeder Sekunde, in der Menschen über ihre Leidenschaft oder ihr Anliegen sprechen, haben sie eine besondere Ausstrahlung. Dieses Feuer, dieses Lächeln, dieser besondere Glanz in den Augen beeindrucken und motivieren andere Menschen und lassen sie ebenfalls an diese Sache glauben. Ich denke, dass jeder erfolgreiche Unternehmer diese Fähigkeit besitzt.

Entschlossen entscheiden

Es gibt wahrscheinlich viele Menschen, die eine Leidenschaft oder ein Anliegen hätten, die aber die notwendige Entschlossenheit nicht mitbringen, um es in die Tat umzusetzen. Die Entschlossenheit, die notwendig ist, um schnell Entscheidungen zu treffen und ihr Anliegen voranzutreiben. Jede Entscheidung ist mit einem Risiko verbunden, dass sie eine falsche sein könnte. Damit haben wir Angst, Entscheidungen zu treffen, weil wir Angst haben, einen Fehler zu machen. Wenn man ein Unternehmen aufbaut, gibt es kein Handbuch. Es gibt keine Checkliste, die man abarbeitet. Es gibt keinen Leitfaden, der einem sagt, ob das, was man machen will, falsch oder richtig ist. Leidenschaft und Überzeugung sind die wichtigsten Wegweiser in die Zukunft.

Bestehendes besser machen

Wer unternehmerisch erfolgreich sein will, muss nicht immer etwas Neues erfinden. Das wird in der Diskussion über innovative Startups oft übersehen. Es reicht, etwas Bestehendes deutlich besser zu machen und andere davon zu überzeugen. In den ersten Jahren unseres Unternehmens haben wir unzählige Male gehört, wie schwierig alles sein wird, und wieso unser Business-Modell nicht funktionieren kann: ein kleiner gesättigter Markt, jeder hat schon einen Computer, es gibt übermächtige Konkurrenten am Markt und vieles mehr. Wir wurden oft gefragt: Wie soll ein kleiner Fisch wie DiTech in diesem Haifischbecken überleben? Das könne doch gar nicht funktionieren.

Wir haben an unseren Erfolg geglaubt und versuchten vieles anders zu machen, als unsere Marktbegleiter. Wir haben uns getraut, neue Wege zu gehen. Wir haben daran geglaubt, dass es Kunden gibt, die unser unternehmerisches Konzept zu schätzen wissen. Und wir haben über 15 Jahre bewiesen, dass es möglich ist, erfolgreich auf diesem gesättigten Markt zu sein – auch, wenn es anfangs keiner glauben wollte. Wir haben 14 Jahre lang Gewinne gemacht und Marktanteile dazugewonnen.

Drang nach Veränderung

Eines verbindet ebenfalls erfolgreiche Unternehmer: Sie akzeptieren nie den Status quo. Sie wollen das Bestehende immer weiter verbessern. Gerade in Zeiten, in denen das Unternehmen gut läuft und das Konzept perfekt zu sein scheint, ist es wichtig, einzelne Bereiche, Produkte oder Leistungen in Frage zu stellen.

Man hat nur in diesen erfolgreichen Phasen der Unternehmensentwicklung die Möglichkeit, Dinge auszuprobieren und echte Innovation zuzulassen. Sobald ein Unternehmen wirtschaftlich unter Druck kommt, sind Veränderungen und Innovation nur schwer möglich.

Kaufen ist Emotion

Entscheidend für den unternehmerischen Erfolg ist es, Kunden zu überzeugen – statt sie bloß zu befragen, was sie wollen. Hätte man vor der Erfindung des Internet-Handels oder des iPads die Kunden befragt, ob sie das alles haben wollen, wäre die Antwort wohl »Nein« gewesen. Schon Henry Ford war davon überzeugt: »Wenn ich die Menschen gefragt hätte, was sie wollen, hätten sie gesagt: schnellere Pferde.«

Die Leidenschaft und Entschlossenheit des Unternehmers, die für die Motivation der Mitarbeiter so wichtig ist, ist meiner Erfahrung nach auch die wichtigste Marketingkraft, die loyale und treue Kunden schafft. Meistens nimmt man als Kunde diese Kraft gar nicht bewusst wahr. Es zieht uns aber alle unterbewusst zu einer bestimmten Firma, zu einem bestimmten Händler oder zu einer bestimmten Marke. Als Konsumenten begründen wir unsere Kaufentscheidung rational bekanntlich meist im Nachhinein. In Wirklichkeit treffen wir unsere Entscheidung im Bauch und das innerhalb von Sekunden. Dann versucht unser Verstand, die notwendigen Argumente zu finden, damit wir diese emotionale Entscheidung uns selbst gegenüber rational verkaufen. Gelingt dies, sind wir beruhigt, die richtige Wahl getroffen zu haben.

In der Realität sind wir aber wieder einer unsichtbaren Anziehungskraft erlegen, hinter der unternehmerische Leidenschaft steht.

Kaufen ist pure Emotion. Sie hat – vor allem im privaten Bereich – wenig mit rationalem Denken zu tun.

Wir schafften es mit DiTech, dem Konsumenten ein gutes Gefühl zu geben, wenn er bei uns gekauft hatte. Unser Marketingauftritt, unsere Mitarbeiter und unsere Art, wie wir die Kunden behandelt haben, haben ihre Kaufentscheidungen positiv beeinflusst.

Zwischen Perfektionismus und Wahnsinn

Dabei spielt wohl auch ein Faktor eine große Rolle, der meine Unternehmerlaufbahn geprägt hat und prägt: der Drang zum Perfektionismus, die große Liebe zum Detail –

egal, ob es sich um das Lager, die Computer-Produktion, das Geschäft oder den Internet-Shop handelt. Perfektionismus hat einen enormen – wohl nur unterbewussten – Einfluss auf den Kunden.

Ich gebe zu, dass meine Mitarbeiter oft unter meinem Perfektionismus gelitten haben. Ob das nun die Wandfarbe im Paletten-Lager war, die Art, wie die Netzwerkkabel verlegt waren oder auch nur eine kleine Formulierung in einer Massenmail an unsere Kunden – ich habe oft mit meinem Team um derartige, auf den ersten Blick sinnlose, Details gestritten und sie damit hoffentlich nicht allzu sehr in den Wahnsinn getrieben.

Ich bin davon überzeugt, dass alle diese Details zwar für sich einzeln genommen wahrscheinlich keine Bedeutung haben. In Summe aber machen sie die »Persönlichkeit« einer Firma aus. In ihr spiegelten sich Seele und Charakter des Unternehmers wider.

Mit Risikobereitschaft und Herzblut gewinnen

Nicht zu vergessen ist auch die Bedeutung unseres Engagements im Rallye-Sport. Unser DiTech-Racing-Team war kein Luxus, sondern ein wichtiges Instrument für das Unternehmen.

Mit einem Investment von 150.000 Euro im Jahr erzielten wir jede Saison einen Medienwert von über 2 Mio. Euro. Die emotionale Wirkung unserer sportlichen Erfolgsgeschichte auf Mitarbeiter, Geschäftspartner und Kunden war enorm.

Natürlich war es auch mein leidenschaftliches Hobby. Der Rallye-Sport war für mich die einzige Möglichkeit abzuschalten und ein paar Mal im Jahr dem Geschäftsalltag zu entfliehen.

2011 dominierte das DiTech-Racing-Team die österreichische Rallye-Meisterschaft. Neben dem Staatsmeister-Titel haben wir auch die Teamwertung gewonnen und ich konnte mir als Fahrer den Meisterpokal in der Division III sichern.

Wir haben gegen Teams gewonnen, die das vielfache Budget zur Verfügung hatten. Wir haben die Zuschauer begeistert wie kein anderer. Wir haben diese Rennen mit Risikobereitschaft und Herzblut gewonnen. Mit Eigenschaften aus dem Unternehmer-Leben.

Die Teilnahme an der Rallye-Meisterschaft war aus finanzieller Sicht das erfolgreichste Marketingprojekt unserer unternehmerischen Geschichte. Es war mehr als nur Sponsoring eines Sportlers und ein paar Firmenlogos auf dem Rennauto. Wir haben nach Niederlagen geweint und Siege gefeiert. Wir haben diesen Sport gelebt und die Zuschauer – und damit unsere Kunden – begeistert. Man hat uns vorher auf den Wirtschaftsseiten der Zeitungen finden können, mit dem Engagement in der Rallye waren wir auch auf den Sportseiten sehr präsent.

Wir haben bewiesen, dass Geschwindigkeit, Kreativität, Teamarbeit und Anpassungsfähigkeit wichtiger sind, als das größte Budget und das teuerste Rennauto. Die Analogie zu unserem Auftritt am Elektronikmarkt war verblüffend.

Kapitel 2

DIE GESCHICHTE DES SCHEITERNS

WARUM und wie sind wir mit DiTech gescheitert? Es ist wichtig, auch diese Geschichte zu erzählen. Die Geschichte des Scheiterns ist mit Blick auf die Zukunft viel wichtiger als die Erfolgsgeschichte unseres Unternehmens. Sie ist die andere Seite der Medaille, die genauso selbstverständlich erzählt werden muss. Auch, wenn das hierzulande (noch) nicht wirklich populär ist.

Unser Unternehmen hat im gesamten Zeitraum der Firmengeschichte 1999 bis 2012 positiv bilanziert. Die starke Expansion und die geringen Margen im IT-Handel ließen allerdings eine EBIT-Marge (Gewinn vor Zinsen und Steuern) von nur ca. 0,7 Prozent bis 1,5 Prozent zu. Wir haben die gesamten Gewinne im Unternehmen belassen und reinvestiert, um eine weitere Expansion überhaupt möglich zu machen.

Gewinne am Papier

Offen gesagt wäre eine Auszahlung dieser Gewinne in Form von Dividenden an mich und meine Frau Aleksandra – also an die Gesellschafter – gar nicht möglich gewesen. Die Banken haben in den Kreditverträgen die Entnahmen von Gewinnen explizit ausgeschlossen beziehungsweise stark beschränkt. Somit waren die erwirtschafteten Gewinne reines Bilanzgeld – für uns Eigentümer nicht erreichbar, da eine Auszahlung fatale Folgen auf das Rating und damit auf die Finanzierung des Unternehmens gehabt hätte.

Gekürzte Kreditlimits

Im Jahr 2012 haben wir einen Netto-Umsatz von 121 Mio. Euro beziehungsweise 145 Mio. Euro brutto erreicht. Unsere Finanzierung basierte – wie hierzulande üblich – vorwiegend auf Fremdkapital. Das Working Kapital bestand zu 50 Prozent aus Lieferantenkrediten. Wir wurden von ca. 150 Lieferanten aus ganz Europa beliefert und hatten ein Zahlungsziel von durchschnittlich 21 Tagen. In dieser Zeit konnten wir die Ware meistens zum Großteil verkaufen, so dass wir – wie jedes Handelsunternehmen – teilweise mit dem Geld unserer Lieferanten arbeiten konnten. Voraussetzung dafür war allerdings ein entsprechendes Rating unseres Unternehmens bei Kreditversicherungen. Um im Falle einer Zahlungsunfähigkeit nicht alleine den Ausfall tragen zu müssen, hatten fast alle unsere Lieferanten eine Kreditversicherung abgeschlossen, die im Falle einer Insolvenz einen Großteil der offenen Kundenforderungen abdecken sollte. Der Kreditversicherer definierte sogenannte Kreditlimits, innerhalb welcher uns die Lieferanten beliefern konnten.

Weitere 40 Prozent des Working Capitals kamen aus Bankenfinanzierungen, die restlichen 10 Prozent aus Eigenkapital.

Die österreichischen Banken und Kreditversicherungen unterstützten bis 2012 unseren offensiven Wachstumskurs und stellten die notwendigen Kredite beziehungsweise Versicherungslimits bei den Lieferanten zur Verfügung. 14 Jahre lang war die Liquidität kein Thema. Die Banken, die Leasinggesellschaften und die Versicherungen lieferten sich ein regelrechtes Rennen darum, wer uns finanzieren beziehungsweise versichern durfte. DiTech war nicht nur ein schnell wachsendes Unternehmen, sondern auch eine Referenz für jedes Kreditinstitut.

Bis zum Jahr 2013 lief alles problemlos. Ich war sicher, dass es auch so bleiben würde. Doch dann erfolgte auf Grund der Anspannung am Finanzmarkt sowie vieler

Pleiten im Elektrohandel in Österreich und Deutschland eine plötzliche Kürzung der Kreditlimits durch einen der Kreditversicherer. Praktisch über die Nacht schrumpfte unser Working Capital um 4 Mio. Euro. Der Computerhandel wurde von den Kreditversicherungen zur Risikobranche erklärt.

Durch die reduzierten Versicherungslimits waren keine Lieferantenfinanzierungen im vollen Ausmaß mehr möglich. Die Zahlungsziele mussten verkürzt werden, einige Lieferanten haben uns nur mehr gegen Vorauskasse beliefert. Die Beschaffung der Ware wurde im Sommer 2013 zu einer immer größeren Herausforderung.

Zu kleines Lager, zu große Nachfrage

Die Kürzung der Kreditlimits hatte zu Folge, dass wir gezwungen waren, unseren Lagerbestand deutlich zu reduzieren. Wir mussten schnell liquide Mittel generieren, um überhaupt manövrierfähig zu bleiben und den Warenfluss nicht gänzlich abreißen zu lassen. In solchen Zeiten gilt nur eine Devise: »cash is king«.

Es gibt nur einen Weg, um Liquidität zu generieren: Sonderangebote und Aktionen. Das funktioniert aber nur über den Preis und damit auf Kosten der Marge.

Das Weihnachtsgeschäft 2013 kam in großen Schritten näher. Jedes Jahr im Dezember hatten wir im Schnitt den doppelten Umsatz eines normalen Monats gemacht. Praktisch der gesamte Jahresgewinn wird in unserer Branche zu Weihnachten erwirtschaftet.

Der verfügbare Lagerbestand nahm aber drastisch ab. Anstatt das Lager aufzubauen und Ware für Weihnachten zu hamstern, waren wir gezwungen, Abverkäufe zu machen, um Cash zu generieren.

Kunden wollten kaufen

Gleichzeitig wuchs die Nachfrage der Kunden enorm. In den ersten sechs Monaten vor dem Ausbruch der Liquiditätskrise waren wir auf einem 25-prozentigen Wachstumskurs. Hätten wir dieses Tempo bis Ende des Jahres finanzieren können, wäre das Unternehmen im Jahr 2013 auf einen Bruttoumsatz von über 180 Mio. Euro und den höchsten Gewinn in der Unternehmensgeschichte gekommen.

Wir konnten aber die immer stärker werdende Nachfrage der Kunden nicht mehr befriedigen. Wichtige Produkte waren oft bereits um 16.00 Uhr ausverkauft, obwohl die Geschäfte teilweise bis spät am Abend offen waren. Der Lagerwert betrug lediglich 7 bis 8 Mio. Euro. Damit die Nachfrage der Kunden richtig hätte bedient werden können, wäre ein Lagerbestand von 12 bis 15 Mio. Euro notwendig gewesen. Wir hätten damit eine optimale Lagerdrehung von ca. 12 Mal im Jahr erreicht. Nach Ausbruch der Krise haben wir unser Lager teilweise zwei Mal im Monat gedreht, was viel zu hoch war.

Diese Verschlechterung der Verfügbarkeit führte in der zweiten Hälfte 2013 zu einem zehnprozentigen Umsatzrückgang – obwohl die Nachfrage ständig wuchs. Die Kunden sind in unsere Geschäfte gekommen und wollten kaufen. Sie haben uns die Chance gegeben. Sie haben uns das Vertrauen ausgesprochen. Heute wartet aber niemand auf ein Notebook, ein Tablet oder ein Smartphone. Kein Kunde akzeptiert eine Lieferzeit von zwei Wochen. Ist die gewünschte Ware nicht lagernd, dreht man sich als Kunde um und geht zur Konkurrenz. Im Online-Handel spielt die Verfügbarkeit eine noch größere Rolle. Alles ist transparent. Da mag der Preis so gut sein wie bei keinem anderen: Wenn die Lagerstandsanzeige eine Null anzeigt, ist der nächste Anbieter nur wenige Klicks entfernt.

Die hohe Verfügbarkeit und die extrem kurzen Lieferzeiten haben uns groß gemacht. Ein Sortiment von über 7.000 Produkten – das meiste immer lagernd, lieferbar innerhalb von drei Stunden oder sofort abholbereit in einer der Filialen. Das war über 14 Jahre lang unser Alleinstellungsmerkmal am Markt. Im Herbst 2013 haben wir unseren Kunden diesen Vorteil nicht mehr bieten können.

Geschäftsmodell am Wendepunkt

Dazu kam, dass wir auf Grund der gekürzten Kreditlimits auf kleinere Lieferanten ausweichen mussten, da der Einkauf direkt bei den Herstellern wie HP, Samsung, Microsoft, LG oder Apple nicht mehr möglich war.

Wir konnten nicht mehr bei den Lieferanten einkaufen, die die besten Konditionen geboten hatten. Wir mussten die Ware von der Quelle beschaffen, die uns überhaupt beliefern konnte. Dies wiederum führte zu schlechteren Einkaufspreisen, zum Verlust der Bonifikationen und Werbekostenzuschüsse der Hersteller und damit zu einer deutlichen Verschlechterung der Ertragslage.

Neue Finanzierung

Im Sommer, als die Schwierigkeiten begannen, kamen mehrere Beratungsunternehmen ins Spiel. Die finanzierenden Partner wollten eine unbefangene Meinung von dritter Seite hören. Viele Gutachten, Analysen, und Berichte wurden erstellt. Planbilanzen und Liquiditätspläne dominierten meinen Alltag. Das Geld floss zu den Beratern, anstatt in die Ware.

Ende Oktober 2013 gelang es mir, über die österreichischen Banken 4,5 Mio. Euro an zusätzlichen Krediten aufzustellen. Im Gegenzug wurden die Geschäftsanteile der GmbH und die Rechte an der Marke »DiTech. Computer und nicht irgendwas« an die Banken als Sicherheiten verpfändet.

Zusätzlich musste ich zusammen mit meiner Frau eine Kapitalerhöhung durchführen, die praktisch alle unseren privaten Mittel verschlungen hat. Dies war, neben der Deckelung unseres Gehaltes auf 80.000 Euro brutto pro Jahr, die Bedingung für die Finanzierung. Die Banken hatten uns in der Hand. Wir waren ihnen aber trotzdem dankbar für das Vertrauen und die Chance, das Unternehmen vielleicht noch zu retten.

Diese Finanzierung, die uns gewährt wurde, war nicht selbstverständlich. Es war der Beweis dafür, dass die Banken an uns geglaubt und mir vertraut haben, dass ich dazu in der Lage sei, das Unternehmen aus der Krise zu führen.

Wir haben alles auf eine Karte gesetzt: 850.000 Euro, und damit unser gesamtes Privatvermögen, waren zu diesem Zeitpunkt als Sicherheit in der Hand der Banken beziehungsweise im Unternehmen. Dazu kamen noch weitere Privathaftungen für die Kredite der Firma in der Höhe von einer weiteren halben Million. Das Weihnachtsgeschäft 2013 sollte über unser Überleben entscheiden.

Ohne Ware kein Weihnachtsgeschäft

Es war Anfang November 2013. Wir hatten das Geld und waren bereit, die Lagerstände für Weihnachten hochzufahren. Doch einen Faktor haben wir unterschätzt: Die Planung des Bedarfes durch die Hersteller für jeden einzelnen großen Händler für das Weihnachtsgeschäft erfolgt normalerweise bereits im August und September. In dieser Zeit war unser Unternehmen aber bereits ziemlich angeschlagen. Die Umsätze gingen deutlich zurück. Viele Hersteller haben nicht mehr an unsere Genesung geglaubt. Man hatte uns für das Weihnachtsgeschäft praktisch abgeschrieben und viel zu wenig Ware für uns eingeplant.

Die Situation war paradox: Wir hatten zwar das Geld, das Lager war aber weiterhin nicht ausreichend gefüllt. Die Umsätze im November und Dezember lagen deshalb deutlich unter der Planung, die Ertragslage unter allen Erwartungen. Das Rating unserer Firma sank weiter. Aufgrund der schlechten Geschäftsentwicklung haben die Kreditversicherer in den darauf folgenden Wochen die Kreditlimits bei den Lieferanten verständlicherweise um weitere 4 Mio. Euro gekürzt. Damit war das frische Geld verbraucht und das Risiko des Ausfalls von den Lieferanten auf die Banken verlagert. Die zusätzlichen Kredite führten zu keiner Verbesserung des Working Capitals.

Tödliche Spirale

Die Nachfrage der Kunden war so groß wie nie zuvor. Im Februar 2014 hatten wir in unserem Bestellsystem über 9.000 offene Aufträge im Gesamtwert von über 4,5 Mio. Euro. Es waren unzählige Vorbestellungen für Computerkomponenten, Apple-Geräte, dimotion PC-Systeme und vieles mehr. Alles Waren, welche die Kunden gewillt waren zu kaufen, die wir aber nicht liefern konnten.

Die reduzierten Kreditlimits verursachten Liefersperren bei den Lieferanten. Damit war zu wenig Ware auf Lager. Ohne Ware gab es weniger Umsatz und damit zu wenig Deckungsbeitrag, um kostendeckend zu arbeiten. Damit verschlechterte sich laufend die Ertragslage – und somit auch das Rating der Firma. Die Folge waren weitere

Kürzungen der Kreditlimits, was zu weiteren Liefer-schwierigkeiten führte. Ein Teufelskreis, aus dem es keinen Ausweg gab.

Ich fühlte mich in dieser Zeit sehr hilflos. Ich konnte nichts machen, nichts verändern, nichts beeinflussen. Wir waren abhängig von Risiko-Managern bei Banken und Kreditversicherungen beziehungsweise davon, ob ein Investor an uns glaubte oder nicht.

Am 25. März 2014 war ich gezwungen, die Insolvenz anzumelden. Wir stellten einen Antrag auf Sanierung mit Fremdverwaltung. Das Unternehmen hatte einen Tag zuvor seinen 15. Geburtstag.

Glauben an eine Lösung

Bis zum letzten Moment hatte ich noch an eine Lösung geglaubt. Bereits seit Herbst 2013 hatten wir mit über 50 Investoren aus Österreich, Deutschland, Schweiz und Polen verhandelt. Für die meisten von ihnen war der österreichische Markt entweder nicht interessant genug, zu klein oder man hatte Angst vor den niedrigen Margen im Elektrohandel. Drei der größten DiTech-Lieferanten hatten eine Beteiligung ernsthaft überlegt. Diese Pläne wurden jedoch aus Angst vor einer Elektronik-Kette wieder verworfen, die bei jedem dieser Lieferanten der größte Kunde ist. Eine Beteiligung an einem Konkurrenten, wie die DiTech es war, hätte diese wichtige Geschäftsbeziehung verständlicherweise gefährdet.

Ich war bis zuletzt Tag und Nacht unterwegs, um Verhandlungen mit potenziellen Investoren zu führen. Das bedeutete: Jedes Mal die gleiche Geschichte erzählen, die Ursachen erklären und Lösungsansätze präsentieren. Das Schwierigste war es, in dieser Situation motiviert zu wirken und von der Sache überzeugt zu bleiben. Nicht aufzugeben und das Feuer in den Augen nicht zu verlieren. Das war nicht einfach. Ich hatte in den letzten Wochen kaum geschlafen und war psychisch wie physisch extrem angeschlagen.

Die erste Nacht, in der ich wieder schlafen konnte, war die Nacht zum 11. März 2014. Wenige Stunden zuvor hatte ich in einem offenen Brief an unsere Geschäftspartner und die Medien die Lage erklärt und die Insolvenz angekündigt. Jetzt wussten es alle. Es gab kein Zurück mehr.

Das nun laut auszusprechen – und zu akzeptieren – wirkte irgendwie befreiend.

Arbeit am Sanierungskonzept

Die Verluste der letzten neun Monate hatten nicht nur das gesamte Eigenkapital verbraucht, sondern auch noch eine beträchtliche Überschuldung verursacht. Um Cash zu generieren, hatten wir vieles unter dem Einstandspreis abverkauft. Das Lager war fast leer.

Zusammen mit unseren Anwälten und Beratern erarbeiteten wir ein detailliertes Sanierungskonzept. Es waren die Schließung von zehn kleinen Filialen und die Entlassung von ca. 100 Mitarbeitern geplant. Im Rahmen eines Sanierungsverfahrens hätten wir damit die Möglichkeit gehabt, das Unternehmen um ca. 30 Prozent zu verkleinern und damit zu retten. Um die Sanierung zu finanzieren, wäre es notwendig gewesen, den Betrag von 8 Mio. Euro über einen Investor aufzustellen.

Alle meine Bemühungen, jemanden von dieser Investition zu überzeugen, sind leider gescheitert. Zwei Wochen nach der Anmeldung der Insolvenz wurde ein Konkursverfahren eröffnet. Die Liquidierung der Firma, Schließung aller Standorte und Entlassung aller Mitarbeiter waren die wirtschaftlichen Folgen. Das alles, woran meine Frau Aleksandra und ich in den letzten 15 Jahre gearbeitet hatten, war verloren. Dazu auch noch unsere gesamten Ersparnisse.

Für alle unvorstellbar

Die letzten Wochen vor der Insolvenz herrschte enorme Anspannung innerhalb der Familie. Keiner wollte das Thema ansprechen, alle wussten aber, was kommt. Ich, meine Frau, mein Vater, mein Bruder und meine Schwiegermutter haben im Unternehmen gearbeitet – für die gesamte Familie drohte die Welt zusammenzubrechen.

Man konnte die Angst auch in den Augen unserer Kinder sehen. Sie wussten nicht was passiert, sie wussten aber, dass es nichts Gutes sein kann. Die Firma war sehr präsent in unserem Leben. Eine Zeit, in der es DiTech nicht mehr geben sollte, war für unsere Kinder unvorstellbar.

Meine zwölf Jahre alte Tochter kam eines Abends zu mir und sagte: »Papa, Du kannst mein iPad und mein Fahrrad verkaufen, ich brauche sie nicht, vielleicht können wir mit diesem Geld unsere Firma retten.«

Lebensrhythmus am Nullpunkt

Die Zeit nach der Eröffnung des Insolvenzverfahrens war für mich persönlich am schwersten. Der Alltag stellte sich drastisch um. Vor der Insolvenz war ich 14 Stunden am

Tag im Einsatz. Jeder Termin, jedes Meeting war durchgeplant. Ich war immer zu spät dran, immer gestresst.

Und von einem Tag auf den anderen brach plötzlich alles zusammen. Keine Termine, keine Treffen, kein Zeitdruck, ein leerer Terminkalender. Zum Vergleich: In den ersten Jahren nach unserer Unternehmensgründung hatten wir zwei bis drei Sonntage frei. Pro Jahr. Erst Jahre später gingen sich mehrtägige Urlaube aus. Ich verbrachte diese Tage meist am Strand. Mit meinem Notebook. Und genoss es, endlich in Ruhe zu arbeiten. Meine Mitarbeiter fürchteten diese Tage besonders: Sie wurden von mir mit Ideen und Aufgaben zugespamt.

Nach der Pleite verlangsamte sich mein Lebensrhythmus dramatisch. Man zweifelt an sich. Man weiß nicht, warum man in der Früh noch aufstehen soll. Nichts bewegt sich. Obwohl ich alle fünf Minuten mein Smartphone kontrollierte: Es waren keine neuen Mails da. Es gab einfach nichts zu tun.

Zum letzten Mal im Büro

Einige Wochen nach der Eröffnung des Insolvenzverfahrens kam der Tag, an dem ich meine persönlichen Sachen aus dem Büro räumen musste. Es war die Möglichkeit, unsere Firmenzentrale zum letzten Mal zu besuchen und einen Rundgang durch die fünf Geschosse zu machen. Ich habe zu diesem Zeitpunkt wahrscheinlich zum ersten Mal wirklich begriffen, was passiert ist. An jedes Zimmer, an jedes Bild an der Wand und an jedes Möbelstück waren Geschichten und Erinnerungen geknüpft. Jetzt war alles verloren.

Mein damals achtjähriger Sohn war an diesem Abend mit dabei. Kurz bevor wir gingen, hat er mich gebeten, noch ein letztes Selfie gemeinsam mit ihm zu machen. Das tat ich auch und habe es ihm gezeigt. Er sagte: »Papa, bitte mach noch eins, ich will, dass das DiTech-Logo auch drauf ist.« Ich musste weinen.

Auf ins gelobte Unternehmer-Land

Nach diesen schwierigen Wochen des Trauerns und Nichtstuns, kam ich zu der Erkenntnis, dass es so nicht weitergehen konnte – und dass ich mein Leben wieder selbst in die Hand nehmen musste.

Ich flog in die USA, nach Kalifornien, ins Silicon Valley. Mit einem One-Way-Ticket. Ich hatte schon früher oft das Gefühl, dass ich eigentlich dort hingehöre – ins gelobte Unternehmer-Land. Jetzt, nach der Pleite, hatte ich die Zeit, einmal mehr als eine Woche von Wien abwesend zu sein.

Mit Lieferanten und Geschäftspartnern vereinbarte ich einige wenige Termine. Um meine Story zu erzählen und vor allem, um neue Perspektiven zu gewinnen. Doch dabei blieb es nicht. Ich wurde von praktisch jedem meiner Gesprächspartner weiterempfohlen. Sie haben mir ihre Geschäftspartner vorgestellt und für mich Meetings organisiert. Ich traf Manager, Unternehmer, Investoren und viele Startups. Sie waren gierig darauf, mich, den gescheiterten Unternehmer aus Österreich, kennenzulernen. Von mir zu lernen und meine Erfahrungen und Erkenntnisse erzählt zu bekommen. Alles in der Hoffnung, dadurch selber in der Zukunft einen Fehler weniger zu machen. Die meisten der erfolgreichen Unternehmer, die ich traf, hatten bereits Ähnliches erlebt.

Zwei Erfolgs-Dokumente

Besonders beeindruckt hat mich ein Unternehmer mit über 6.000 Angestellten. Hinter seinem Schreibtisch hatte er zwei Dokumente an der Wand hängen. Seinen Stanford-Abschluss und den Gerichtsbeschluss seiner ersten Insolvenz. Ich sprach ihn darauf an. Er sagte, wenn er auf eine dieser beiden Lektionen hätte verzichten müssen, wäre es das Studium gewesen. Ohne Insolvenz gäbe es nämlich sein erfolgreiches jetziges Unternehmen nicht.

Erfolgs-Vorlesung über das Scheitern

Unter den zahlreichen Terminen, die ich in den USA absolvierte, war auch ein Stanford-Professor. Er lud mich ein, bei seinem 65.000 Dollar teuren Sommer-MBA für CEOs und Top-Manager aus der ganzen Welt einen einstündigen Vortrag zu halten. Ich nahm die Einladung an und bereitete mich auf die von 17.00 bis 18.00 Uhr geplante Vorlesung vor. Meinem Referat folgte eine intensive und spannende Diskussion. Alle wollten wissen, was ich wie gemacht habe und was ich heute anders machen würde. Und wie man es schaffen kann, eine Million Online-Bestellungen erfolgreich abzuwickeln und in einem so kleinen Land in Europa über eine Milliarde Umsatz zu machen. Wir hatten die Zeit der Vorlesung schon lange überschritten. Um 22.30 Uhr warf die Putzfirma der Universität den Professor, die MBA-Teilnehmer und mich aus dem Hörsaal. So hatte ich Universität noch nie erlebt.

Danke, Europa!

Ich lernte bei meinem USA-Aufenthalt sehr viel Neues. Unter anderem, dass auch äußerst erfolgreiche Unternehmen in der IT-Branche nur mit Wasser kochen. Dass sie die gleichen Fragen beschäftigen wie uns. Aber vor allem: Dass man in einem gescheiterten Unternehmer immer auch das Know-how und die Erfahrung sehen sollte – und nicht bloß das Scheitern.

Ich hatte das Gefühl, dass man dort meine gesamte unternehmerische Laufbahn versteht und schätzt. Den Aufbau, den Erfolg und den Fall. Ich habe mich mit meinen Gesprächspartnern immer über den Erfahrungsschatz unterhalten, der über die letzten 15 Jahre angewachsen ist.

In Österreich hingegen sind die 15 Jahre der DiTech-Geschichte sehr schnell ausgeblendet worden. Man hatte nur mehr die Insolvenz vor Augen.

Dass man hier bei uns für unternehmerisches Scheitern gebrandmarkt wird und Ausgrenzung erntet, bezeichneten meine Gesprächspartner wörtlich als »krank« – und gut für die USA. Denn so bleiben sie die erste Adresse für innovative Startups.

Unternehmer mit Insolvenzhintergrund

Vor allem Kalifornien ist eine andere Welt, was Unternehmergeist und Unternehmerkultur betrifft. Und genau deshalb kommen von dort die erfolgreichsten, innovativsten und beeindruckendsten IT-Unternehmen der Welt.

Ihr Erfolg ist Ergebnis vielfachen Scheiterns. 95 Prozent aller Startups im Silicon Valley überleben keine zwei Jahre. 95 Prozent der Gründer scheitern mit ihren Projekten. Sie stehen aber sofort wieder auf und versuchen es nochmals. Manchmal sogar mehrmals. Sowohl für sie selbst, als auch für alle Menschen in ihrer Umgebung ist es selbstverständlich, dass sie es wieder versuchen müssen. Nach jedem Scheitern sind sie erfahrener und die Chance auf Erfolg steigt damit enorm.

Die Venture Capital-Geber interessiert es nicht, wie oft man gescheitert ist, sondern wie gut und erfolgversprechend die neue Geschäftsidee ist. Im Gegenteil, die größten Chancen auf Kapital von Investoren haben Unternehmer, die sowohl Erfolge als auch Pleiten in ihrer Laufbahn erlebt haben. Einer der Manager einer der größten Investmentfonds im Silicon Valley sagte mir, jetzt wäre ich erst als Unternehmen »vollständig«.

Ich habe mir damals gedacht: Na ja, als »unvollständiger Unternehmer« ist es mir besser gegangen.

Hierzulande ist man nach einer Pleite bei den Banken untendurch. Ein Startup-Gründer, frisch von der Uni, mit einer Idee auf einem weißen Blatt Papier, kommt eher zu Geld als ein Unternehmer mit 20 Jahren Geschäftserfahrung und einer Insolvenz im Lebenslauf. Bis auf nur eine Ausnahme haben es alle Banken verweigert, ein Konto für meine neue Firma zu eröffnen. Dabei ging es mir nicht um eine Finanzierung, sondern einfach um eine Bankverbindung, die für einen Geschäftsbetrieb notwendig ist.

Drei Tage angestellt

Während meines Aufenthalts in den USA machte ich aber auch noch eine andere wichtige Erfahrung als die, dass man als gescheiterter Unternehmer auch geschätzt, anerkannt und sogar bewundert werden kann. Ich wurde mit einem Manager eines sehr großen Computerkonzerns bekannt gemacht. Wir haben uns getroffen und stundenlang über meine Erfahrungen unterhalten. Er wollte mich sofort anstellen, damit ich bei der Entwicklung der E-Commerce-Strategie des Unternehmens mitarbeitete und mein Wissen einfließen lasse. Ich habe mir gedacht, es wäre nur ein amerikanischer Smalltalk und kein ernstes Angebot. Ich habe mich geirrt. Bereits am nächsten Tag landete der Entwurf eines Dienstvertrages in meiner Mailbox.

Nach mehrtägigem Zögern – ich war ja schließlich nicht wegen eines Jobs in die USA gekommen – nahm ich sein Angebot mit einem sehr attraktiven Jahresgehalt plus Auto und Wohnzuschuss an. Spätestens am dritten Tag, als nunmehr Angestellter, wurde mir klar, dass ich sofort zurück in mein Unternehmer-Leben musste.

Das besagte Unternehmen hatte nämlich auf Basis einer Studie über die Entwicklung des Online-Handels aus dem Jahr 2012 eine Strategie ausgearbeitet, die in der zweiten Jahreshälfte 2014 umgesetzt werden sollte. Die Wahrheit, dass die Erkenntnisse der Studie veraltet sind und es das Internet des Jahres 2012 in der Art und Weise heute nicht mehr gibt, wollte niemand hören und akzeptieren. Ich habe diese Meinung offen dem Management des Unternehmens mitgeteilt. Auch zu vielen anderen Themen habe ich aufrichtiges Feedback gegeben. Ich bin schließlich davon ausgegangen, dass meine Offenheit und Aufrichtigkeit der Grund für meine Anstellung gewesen sei. Relativ schnell riet man mir allerdings wohlwollend, ich solle doch »politisch« denken. Soll heißen: Mich so verhalten, dass ich bei richtigen Entscheidungen dabei, bei Misserfolgen aber nicht dabei gewesen sei.

Ich entschloss mich, dieses Beschäftigungsverhältnis zu beenden und schenkte dem Unternehmen meine unbezahlten Arbeitstage. Bald danach kehrte ich wieder nach Europa zurück. Meine Beweggründe waren einfach: Als Unternehmer will man bewegen und umsetzen. Man will schnell Entscheidungen treffen – und nicht dauernd überlegen, ob Aussagen politisch korrekt sind, ob der eigene Sessel gefährdet ist und was man dagegen tun soll.

Kapitel 3

MEINE BESTEN FEHLER

IN den letzten Monaten hatte ich viel Zeit, über die Ursachen der Pleite nachzudenken. Wer war eigentlich schuld? Was war der Fehler? Wie konnte das passieren? Es wäre einfach, eine ganze Liste an Ursachen und Menschen anzuführen, die zur Pleite geführt haben. Der gesättigte Markt, die niedrigen Margen, die Konkurrenz, die falschen Mitarbeiter, die Banken, die Kreditversicherungen.

Alles leider unwahr.

Nachfrage und Marge?

Der Elektronikmarkt in Österreich mag gesättigt sein – und Wachstum schwierig. Trotzdem ist die Nachfrage unserer Kunden im letzten Jahr unserer Präsenz am Markt um mehr als 20 Prozent gewachsen. Wir erhielten mehr Aufträge als wir ausliefern konnten. An der Nachfrage konnte es somit nicht liegen, dass wir gescheitert sind.

Dank der starken Marke, die wir aufgebaut hatten, mussten wir nicht der Preisgünstigste am Markt sein. Das waren wir auch nicht. Die Kunden haben unsere hohe Verfügbarkeit, tolle Beratung und schnelle Logistik geschätzt. Sie haben uns vertraut und waren bereit, dafür ein paar Euro mehr zu bezahlen. Unsere Marge lag bei über 17 Prozent, ein Wert, um den uns unsere Konkurrenz sicherlich beneidet hat. Die niedrigen Margen im Elektronikhandel waren somit auch nicht das Problem.

Konkurrenz?

Viele unserer Mitbewerber haben uns bewundert. Viele Elektronikhändler in Österreich haben uns als Vorbild gesehen. Sie haben versucht, unsere innovativen Ideen zu kopieren. Wir waren Vorreiter in vielen Bereichen und konnten sowohl das Online-Geschäft als auch den stationären Auftritt in unseren Filialen kontinuierlich weiterentwickeln und verbessern. Wir waren unseren Konkurrenten immer weit voraus und sind ihnen nicht aus dem Weg gegangen. Im Gegenteil: Ich habe versucht, die Standorte für unsere Filialen immer in der Nähe der großen Elektromärkte zu wählen, um von der Kundenfrequenz der Mitbewerber zu profitieren. Ich war der Meinung, dass Konkurrenz das Geschäft belebt und nicht schädigt. Die Konkurrenz war nie ein Hindernis und für die Insolvenz nicht wirklich relevant.

Management?

Es ist unbestritten, dass die eine oder andere Position im Management unseres Unternehmens von den falschen Mitarbeitern besetzt war. Dieser Umstand hat vielleicht Teilschuld am Scheitern des Unternehmens. Letztlich habe ich diese Leute ausgesucht, angestellt und nicht rechtzeitig ausgetauscht.

Kreditversicherer und Banken?

Die ganze Schuld auf die Banken und Kreditversicherungen zu schieben, wäre wahrscheinlich am einfachsten – und jeder würde mir das sofort glauben. Es wäre aber nicht fair und auch nicht richtig.

Die Reduktion der Kreditlimits hat bei uns die Schwierigkeiten zwar ausgelöst, wir haben aber auch zu dieser Entwicklung beigetragen. Die Regeln der Finanzmärkte wurden strenger, die Risiko-Manager vorsichtiger, die Vergaben neuer Kredite schwieriger. Das Handeln der Kreditversicherer wäre unter diesen Bedingungen absehbar gewesen. Es wurde von mir aber nicht rechtzeitig erkannt und keine entsprechenden Gegenmaßnahmen eingeleitet.

Die Banken waren auch nicht schuld am Scheitern unseres Unternehmens, im Gegenteil. Bis zum letzten Tag haben wir gemeinsam versucht, eine Lösung zu finden und Gespräche mit potenziellen Investoren geführt. Dass die Banken im Oktober 2013 rund 4,5 Mio. Euro an zusätzlicher Finanzierung zur Verfügung gestellt haben, um das Unternehmen zu retten, war alles andere als selbstverständlich. Für dieses Vertrauen bin ich auch sehr dankbar.

Aus Fehlern lernen

Was war es dann, das zur Insolvenz und schlussendlich zum Konkurs geführt hat? Ich glaube, dass es eine Summe von mehreren Faktoren und Fehlern war, für die letztendlich nur ich die Verantwortung übernehmen kann. Und aus denen ich gelernt habe. Denn fest steht: In der Zeit der Krise unseres Unternehmens DiTech habe ich mehr gelernt, als in den 15 Jahren meiner selbständigen Tätigkeit davor. Drei Monate vor der Insolvenz und etwa noch zwei bis drei Monate danach habe ich sowohl fachlich als auch emotional Erfahrungen gemacht, die mich für mein ganzes weiteres unternehmerisches Leben extrem prägen werden.

Diese Erkenntnisse und meine Lernerfahrung möchte ich weitergeben. Dass das wichtig ist, habe ich in Kalifornien gelernt. Ich will damit nicht nur Wissen und Erfahrungen vermitteln, sondern Mut zum Neustart machen. Die nachfolgend dargestellten Fehler – meine »besten Fehler« – entsprechen meiner persönlichen Wahrnehmung. Sie erheben auch nicht den Anspruch auf Vollständigkeit. Ich weiß nur eines: Ich werde diese Fehler sicher nicht mehr machen.

DER STIGMATISIERUNGS-FEHLER

Vor allen Business-Lektionen habe ich aus meinem unternehmerischen Scheitern gelernt, dass man sich als gescheiterter Unternehmer nicht sozial stigmatisieren lassen darf. Nur zur Erinnerung: Wir hatten großartige Auszeichnungen erhalten, als die DiTech-Erfolgsstory am Laufen war. Wir waren unter den Finalisten beim Ernst & Young Contest zum »Entrepreneur of the Year« und unter den Gewinnern der Wahl zum Österreicher des Jahres. Wir waren »wer« in Österreich und als erfolgreiche Unternehmer und »Migranten-Vorbilder« gerne gesehene Gäste. Doch das änderte sich mit der Pleite schnell.

Tot oder lebendig?

In der Vergangenheit bin ich Realist genug gewesen, um zu wissen, dass viele der so genannten Freunde und Geschäftspartner eigentlich die Freunde des DiTech-Eigentümers und nicht der Person Damian Izdebski sind. Ich glaubte zu wissen, dass ich, wenn es hart auf hart kommt, auf die Meisten nicht zählen darf.

Das zu wissen ist das eine, es zu erleben ist aber etwas ganz anderes. Ich habe im Zuge der Insolvenz auf dramatische Weise erlebt, wie sich im sozialen und geschäftlichen Umfeld die Spreu vom Weizen trennt. Es gibt Menschen, welche die Straßenseite wechseln, wenn man als Unternehmer gescheitert ist. Man möchte doch nicht mit jemandem gesehen werden, der über Wochen für negative Berichterstattung in den Medien gesorgt hat. Es gibt Menschen, die das Telefon nicht mehr abheben und auf ein SMS nicht antworten. Es gibt Menschen, die Hilfe versprechen, sich aber niemals melden. Es gibt Menschen, die in der Anonymität von User-Foren oder in anonymen E-Mails alle Grenzen des Anstands überschreiten.

Ich habe das auch schmerzvoll im persönlichen Umgang erlebt. Ein erfolgreicher österreichischer Unternehmer hat mich nach der Insolvenz zu einer kleinen, privaten

Feierlichkeit geladen. Ich habe mich sehr darüber gefreut und bin der Einladung gerne nachgekommen. Ein anderer Gast stürzte sofort auf mich zu und fragte, was ich – als gescheiterter Unternehmer – denn hier überhaupt mache und wolle. Ich sei doch gesellschaftlich tot, so die unausgesprochene Botschaft. Der Gastgeber nahm mich humorvoll, aber nachdrücklich in Schutz. Das tat gut, war aber eine Seltenheit in der Zeit nach der Insolvenz.

Beleidigungen in Internetforen

Die negative Berichterstattung in den Medien, die rund um die Insolvenzanmeldung stattgefunden hat, war zwar hart, aber verständlich. Wir waren bekannt und medial exponiert, so dass zu erwarten war, dass wir eine Lawine an Berichten auslösen würden.

Trotz allem waren diese Berichte durchwegs sachlich und fair.

Ganz anders waren die Beiträge in diversen Internetforen. Unter dem Mantel der Anonymität wurden Tausende von Postings abgesetzt, die nicht nur persönlich zutiefst beleidigend, sondern einfach erlogen waren. Wir wissen alle, dass man so etwas nicht lesen soll. Man liest es aber trotzdem. Man googelt sich selber mehrmals am Tag, hat die Angst etwas zu verpassen. Man liest alles – und es ist leider wenig Positives dabei.

Es macht einen wütend und traurig, wenn Menschen, die mit wirtschaftlicher Leistung nichts am Hut haben, die Bilanzen der DiTech zu analysieren versuchen. Einer kennt sich besser aus als der andere. Alle haben es schon immer besser gewusst und jeder weiß, wie man das alles hätte verhindern können.

Man verspürt das Bedürfnis, es aufzuklären, die richtigen Fakten zu posten, die Wahrheit zu sagen. Man macht es aber nicht. Man versteckt sich und lässt den Shitstorm über sich ergehen.

Nicht mehr im Verteiler

Waren wir zuvor an jedem Abend bei durchschnittlich drei Veranstaltungen eingeladen, so waren wir innerhalb einer Woche nach der Insolvenz aus allen Verteilern gelöscht. Uns erreichte plötzlich keine einzige Einladung mehr zu einem gesellschaftlichen Event. Das sollte sich übrigens schlagartig ändern, als meine Frau eine Führungsfunktion in einem großen Unternehmen übernahm. Ab dann »spielte« sie im gesellschaftlichen Leben wieder mit.

Man darf freilich nicht glauben, dass ich in dieser schwierigen Phase meines Lebens Lust hatte, zu Partys oder Events zu gehen, im Gegenteil. Ich wollte mich verstecken und habe die Öffentlichkeit gemieden. Trotzdem stimmte es mich nachdenklich. War man heute noch gefeierter und gern gesehener Gast auf Feierlichkeiten, wurde man tags darauf sorgfältig aus den Datenbanken der Firmen entfernt und vom Einladungsverteiler gelöscht.

Emotionale Firewall

Es ist unendlich wichtig, sich in einer Phase des Scheiterns eine emotionale Firewall jenen gegenüber aufzubauen, welche die Leistung der vergangenen Jahre nur durch den Schmutz ziehen wollen. Aus Neid, aus Missgunst, wegen eigener Erfolglosigkeit. Man muss versuchen, sehr schnell Abstand zu diesen Menschen aufzubauen und darf nicht all die negative Emotion annehmen, die an einen herangetragen wird.

Raus aus der Stigmatisierungsfalle

Ich habe im Zuge der Insolvenz von DiTech den Fehler gemacht, diesen negativen und destruktiven Stimmen und Reaktionen zu viel Gehör zu schenken und sie zum entscheidenden Maß zu machen. Doch damit lähmt man sich nur selbst, vergeudet wertvolle Energie. Energie, die man für den Neustart dringend braucht. Erst nach einiger Zeit habe ich es geschafft, mich von diesen Aussagen zu distanzieren und nicht beeinflussen zu lassen – und damit der Stigmatisierungsfalle zu entkommen. Mit guten Argumenten. Zum Beispiel mit dem, dass ich in meinem bisherigen Unternehmerleben rund 30.000 Monatsgehälter für Mitarbeiter bezahlt habe oder fast 30 Mio. Euro an Steuern und Abgaben an den Staat überwiesen habe. Wer kann das schon von sich behaupten?

Das können nur Unternehmer tun, die täglich unternehmerisches Risiko auf sich nehmen und damit einen Beitrag zu Wachstum und Beschäftigung leisten. Menschen, die wissen, dass zum Unternehmertum auch Fehler und Scheitern dazugehören.

Unternehmer bleiben sich treu

Eine meiner Erfahrungen im Zuge der Insolvenz war daher auch, dass sich Unternehmer untereinander treu bleiben. Kein einziger Selbständiger hat sich von mir nach der Insolvenz abgewendet. Denn Unternehmer haben im Gegensatz zu manch anderen ein realistisches Bild vom

Unternehmertum. Sie wissen, was persönliches Risiko bedeutet. Für sie ist niemand von vornherein »verdächtig«, der auf eigene Faust etwas unternimmt und etwas bewegen will. Kritik am Unternehmertum sollte man daher richtig einzuordnen wissen.

Eine weitere positive Erfahrung der Insolvenz ist, dass einige Menschen, die sich mir gegenüber während der DiTech-Erfolgsgeschichte neutral verhalten hatten, mir nach der Insolvenz aus eigenem Antrieb viel geholfen haben. Die Unterstützung reichte von regelmäßigen Telefonaten bis zum Leihen von Geld. Dieses Geld und dieses Vertrauen waren und sind extrem wertvoll. Sie machten es möglich, dass ich meine USA-Reise finanzieren und wieder mit einem neuen Unternehmen starten konnte.

Was hat mich das alles gelehrt? Ich weiß nun ganz genau, was jeder einzelne Kontakt in meinem Telefonbuch wert ist. Das ist ein schmerzvoller Lernprozess, der aber für die Zukunft einen unschätzbaren Wert hat.

Deshalb kann ich nur allen Unternehmern raten: Lassen Sie sich von den Personen, die es immer schon besser gewusst haben, nicht beeindrucken. In keiner Phase Ihrer unternehmerischen Tätigkeit.

DER WACHSTUMS-FEHLER

Jeder Unternehmer will wachsen. Jedes Unternehmen muss wachsen. Aber zu schnelles Wachstum ist gefährlich. Ich habe mich vom Erfolg des DiTech-Konzeptes und dem damit einhergehenden Wachstum blenden lassen. Ich habe unterschätzt, wie wichtig es ist, dieses enorme Wachstum nachhaltig finanziell abzusichern.

Zu wenig im Lager

Unsere rapide Expansion war kein Größenwahn von mir und auch nicht grundlos. Denn einerseits sind wir entsprechend der Bedürfnisse unserer Kunden gewachsen. Andererseits haben wir, je größer wir wurden, bessere

Einkaufskonditionen bekommen, die wir an unsere Kunden weitergeben konnten. Eine Mindestanzahl an Filialen war die Voraussetzung für viele direkte Lieferverträge mit den Herstellern. Dies hat wiederum die Nachfrage verstärkt und die Zufriedenheit der Kunden erhöht.

Ich habe es schon erwähnt: Ein Unternehmen von der Größe DiTechs hätte eigentlich einen Lagerbestand von ca. 15 Mio. Euro haben müssen, um die enorme Nachfrage der Kunden bedienen zu können. Ab Sommer 2013 arbeitete DiTech allerdings mit einem Lagerbestand von lediglich ca. 5 bis 7 Mio. Euro. Die dadurch verursachten Umsatzrückgänge waren zwar nicht groß, aber verbunden mit immer geringer werdenden Margen und einer auf Wachstum ausgerichteten Kostenstruktur haben sie zu überdimensionalen Verlusten geführt.

Verpasste Investor-Chance

Rückblickend betrachtet, wäre es in den Jahren 2009/2010 nötig gewesen einen Investor zu finden, dem man sogar die Mehrheit der Geschäftsanteile abtreten hätte sollen um damit die notwendige Eigenkapitalausstattung zu gewährleisten. Ein Investment von 3 Mio. Euro hätte damals das Eigenkapital verdreifacht, was die gefährliche

Abhängigkeit von den Banken und Kreditversicherern rechtzeitig deutlich reduziert hätte.

Im Jahr 2011 hatten wir übrigens die Chance gehabt, das Unternehmen zu verkaufen. Ein Konsortium aus deutschen und österreichischen Investoren hat uns damals 16 Mio. Euro geboten. Die Bedingung wäre gewesen, dass meine Frau und ich das Unternehmen verlassen müssten und eine neue Geschäftsführung, bestimmt durch den neuen Eigentümer, die Leitung des Unternehmens übernehmen würde. Wir haben damals dankend abgelehnt. Meine Worte damals an die Investoren waren, dass sich das Unternehmen in den nächsten Jahren weiter rapide vergrößern werde und sie dann sicher gerne eine Summe von 30 Mio. Euro bezahlen würden.

Eigenkapital ohne Wenn und Aber

An einer vernünftigen Eigenkapitalbasis führt auch für ein Unternehmen auf starkem Wachstumskurs kein Weg vorbei. Es kommt darauf an, die richtige Balance zu finden: Zum einen muss ein Unternehmer bedingungslos an die Kraft und Potenziale seines Unternehmens glauben und risikobereit sein. Zum anderen ist eine konservative Finanzplanung unerlässlich, die auch unvorhersehbare Ereignisse möglichst miteinkalkuliert und abfedert.

Es ist eine Gradwanderung zwischen Investitionen und der Bildung von Rücklagen. Investitionen sind der Motor fürs Wachstum. Sie machen auch Spaß und motivieren das gesamte Team. Investitionen geben dem Unternehmer das Gefühl, seine Ideen zu verwirklichen. Nicht zu investieren und aus dem verdienten Geld Rücklagen zu bilden, um für schlechtere Zeiten gerüstet zu sein, entsprach nicht meiner Einstellung. Es hätte bedeutet, dass man an den Erfolg des Wachstums selbst nicht mehr glaubt, sondern Angst vor der Zukunft hat.

Nach der Insolvenz habe ich mich intensiv mit Businessplänen für neue Geschäftsideen beschäftigt. Hinsichtlich meines Know-hows bin ich heute viel weiter als vor 15 Jahren. Zweifellos bin ich aber auch vorsichtiger geworden.

Eines ist mir bewusst: Ich werde durch diese Vorsicht viele Chancen verpassen. Aber ich weiß auch, dass ich mit meiner Erfahrung bestimmte Chancen sehr viel besser nutzen kann als bisher.

DER MOTIVATIONS-FEHLER

Ich habe bereits im ersten Kapitel darauf hingewiesen, wie entscheidend die Motivation der Mitarbeiter ist. Dabei geht es nicht um Incentives oder gar um sozialtechnische Manipulation von Menschen. Es geht darum, die Leidenschaft, die ein Unternehmer in sich trägt, allen Mitarbeitern zu vermitteln. Denn darauf kommt es für den Erfolg eines Unternehmens wirklich an.

Es geht nicht um Produkte, es geht nicht um Preise, es geht nicht um Filialen oder Logistik – es geht ausschließlich um die Leidenschaft des Unternehmers und um die Leidenschaft seiner Mitarbeiter.

Mit Leidenschaft infiziert

Die Leidenschaft ist der Motor der Welt. Alles, was uns in der Welt bewegt, hängt mit der Leidenschaft zusammen. Egal, ob wir einen Maler, einen Musiker oder einen Architekten betrachten. Ihre Werke, welche die Menschen bewegen und die in die Geschichte eingehen, sind nicht als Geschäftsidee mit Business-Plan entstanden. Sie wurden nicht geplant und nicht kalkuliert, um Geld zu verdienen. Sie sind entstanden, weil meistens eine einzige Person fest daran geglaubt hat. Diese Leidenschaft wurde zu einem Anliegen, zu einer Mission, die dann weitere Personen »infiziert« hat.

Mehr als nur ein Job

Ich glaube, man ist als Unternehmer nur dann erfolgreich, wenn man es geschafft hat, Menschen um sich aufzubauen, die nicht wegen des Geldes, sondern wegen der Sache selbst, wegen der Idee arbeiten. Ich bin davon überzeugt, dass mir dies bei vielen meiner Mitarbeiter gelungen ist. Gleichzeitig habe ich aber die Beobachtung gemacht: Je weiter Mitarbeiter in der Hierarchie des Unternehmens vom Unternehmer entfernt sind, desto schwerer kann man diese Mitarbeiter mit seiner Leidenschaft infizieren und desto mehr steht ein ganz normaler

Job am Programm. Ein Job, dem man nachgeht, um seine Rechnungen bezahlen zu können. Aber nicht, um Teil eines größeren Anliegens zu sein.

Mitarbeiter, die viel mit mir zu tun hatten, die mich oft im Einsatz erlebt haben, waren ganz anders motiviert als Mitarbeiter in entfernten Filialen, die mit mir kaum Kontakt gehabt haben. Ich habe es nicht geschafft, diese Leidenschaft, diese Motivation über Multiplikatoren an die gesamte Belegschaft weiterzugeben. Das System »teach the teacher« hat nicht funktioniert. Ein solches System muss aber funktionieren und gelebt werden, um alle Mitarbeiter zu erreichen.

Motivation ist Unternehmerverantwortung

Ich halte es für den Erfolg entscheidend, dass in einem Unternehmen dessen »spirit« und Leidenschaft authentisch vermittelt und gelebt wird. Gerade in stark wachsenden Unternehmen ist es wichtig, eine entsprechende Motivationskultur mitzuentwickeln. Es liegt in der Verantwortung des Unternehmers, Mitarbeiter und Unternehmensführung zu einer echten Erfolgsgemeinschaft zusammenzuschweißen. Sonst werden Unternehmen zu Bürokratien, Mitarbeiter zu Beschäftigten und Kunden zu Bittstellern. Das kann auf Dauer nicht funktionieren.

DER PERFEKTIONISMUS-FEHLER

Unternehmerische Leidenschaft kann auch auf Abwege geraten. Vor allem dann, wenn sie in einen Perfektionismus-Wahn ausartet, der nicht mehr zu rechtfertigen und vor allem zu teuer ist. Ich habe das persönlich erlebt und verantwortet.

Der Ausbau einer DiTech Filiale hat ca. 1.000 Euro netto pro Quadratmeter gekostet. Hätte man ein paar kleine, auf den ersten Blick unbedeutende Details weggelassen, hätte man diesen Preis um ca. 30 Prozent reduzieren können und über die Jahre wahrscheinlich in Summe 2 Mio. Euro weniger ausgeben müssen. Finanzielle Mittel, welche die Eigenkapitalsituation des Unternehmens deutlich verbessert hätten. Wäre ein kühl rechnender Manager mit der Planung und Errichtung unserer Filialen beauftragt worden, wäre diese Ersparnis sicherlich möglich gewesen.

In der Anspruchsfalle

Die Kosten für meine perfektionistischen Ansprüche waren mir in den letzten Jahren bewusst. Allerdings war ich nicht bereit, Abstriche zu akzeptieren. In eine DiTech Filiale hineinzugehen und zu wissen, dass da und dort auf Details verzichtet wurde, weil wir sparen wollten, hätte zu sehr an meinem unternehmerischen Ego gekratzt. Das konnte und wollte ich nicht hinnehmen.

Meine perfektionistischen Ansprüche waren in allen Bereichen des Unternehmens sehr deutlich zu erkennen. Sie zeigten sich unter anderem im Erscheinungsbild unserer Geschäftsflächen und Büros sowie im Bereich unserer Softwaresysteme. Mit der Entwicklung des Online-Shops und der Warenwirtschaftssoftware waren zehn Softwareentwickler permanent beschäftigt. Praktisch wöchentlich haben wir neue Funktionen eingebaut, das Design geändert und die Performance verbessert. Alleine die Softwareentwicklung hat ca. 0,6 Mio. Euro pro Jahr verschlungen. Dieses Geld war notwendig, um alle jene Details und Features umzusetzen, die ich mir ausgedacht hatte.

Heute sehe ich dies nüchterner. Der Drang nach Perfektion ist wichtig, aber die Grenzen der betriebswirtschaftlichen Vernunft dürfen nicht überschritten werden. Ich hätte mich in vielen Bereichen einbremsen sollen. Viele Investitionen waren purer Luxus und haben nichts zur Entwicklung des Unternehmens beigetragen.

DER TUNNELBLICK-FEHLER

Als Unternehmer gibt es nur ein Maß aller Dinge: das eigene Unternehmen, mit seinen Mitarbeitern und Kunden. Es ist ein einzigartiger, fantastischer Kosmos. Aber nur ein Mikrokosmos.

Wer nur an das eigene Unternehmen und in dessen Kategorien denkt – quasi mit einem »Tunnelblick« darauf schaut –, kann rasch übersehen, dass sich die Welt rundherum in eine ganz andere Richtung dreht. Das gilt auch mit Blick auf die Eigentümer-Rolle.

Eigentümer gegen Geschäftsführer

In unserem Unternehmen hatte ich eigentlich zwei Funktionen: Die strategische Funktion des Eigentümers und die operative Funktion des Geschäftsführers. Die täglichen Aufgaben in diesen beiden Bereichen hätten kaum unterschiedlicher sein können – die einen waren wichtig, die anderen waren dringend.

Ich habe mit Bravour die dringenden Aufgaben im operativen Geschäft gemeistert. Zweihundert E-Mails am Tag, ununterbrochen am Telefon, ein Termin nach dem anderen, eine schnelle Entscheidung nach der anderen. Irgendwer wollte ständig irgendetwas von mir. Am Abend war man zwar müde, hatte aber das Gefühl, extrem viel erledigt und bewegt zu haben.

Die strategischen, nicht so dringenden, aber umso wichtigeren Aufgaben als Eigentümer sind dafür zu oft auf der Strecke geblieben. Es gab auch niemanden, der mich deswegen gestresst hätte. Natürlich nicht. Denn es wäre meine Aufgabe als Eigentümer gewesen, diese Aufgabe selbständig in die Hand zu nehmen. Hier gab es keine E-Mails und keine Telefonate. Diese Aufgaben wären auch nicht im Minutentakt abzuarbeiten gewesen.

Doch im täglichen Kampf »an der Front« gab es zu oft keine Zeit für strategische Fragen. Dafür waren die dringenden Themen immer erledigt.

Heute weiß ich es besser: Ich hätte die Prioritäten anders setzen müssen. Ich hätte lernen müssen, viel mehr dieser dringenden operativen Aufgaben an meine Mitarbeiter zu delegieren. Diese hätten die Aufgaben vielleicht nicht so genau und präzise erledigt. Aber ich hätte meiner Eigentümer-Rolle besser nachkommen können. Weniger operativer Tunnelblick, mehr strategischer Weitblick: Das hätte manches verändert.

Plötzlich in der Risikobranche

Wir hatten bei DiTech auch die Logik und Macht der Finanz- und Versicherungswirtschaft zu wenig im Fokus. Wie ich bereits geschrieben habe, unterstützten die österreichischen Banken und Kreditversicherungen bis ins Jahr 2012 unseren offensiven Wachstumskurs. Doch dann wurden – aufgrund vieler Insolvenzen im Elektronikhandel in Österreich und Deutschland sowie der verschärften Regeln am Finanzmarkt – die Kreditlimits bei unseren Lieferanten plötzlich und unerwartet gekürzt. Wir waren als stark wachsendes, sehr erfolgreiches Unternehmen von heute auf morgen Teil einer Risikobranche – mit all den beschriebenen negativen Konsequenzen. Innerhalb von nur vier Monaten wurden wir zu einem Sanierungsfall. Nach weiteren zwei Monaten verschwanden wir vom Markt.

Risikobereitschaft ist gut, Risikomanagement ist besser

Unternehmen schweben nicht im luftleeren Raum. Es gibt hausgemachte Probleme, die einen die Existenz kosten können. Es gibt aber auch externe Entwicklungen, die man mit großer unternehmerischer Sorgfalt analysieren muss. Die Wirtschaftswelt von heute ist extrem komplex und verflochten. Als Unternehmer muss man heute so weit wie noch nie über den Tellerrand seines Unternehmens blicken, Risiken richtig erkennen und einschätzen können. Risikobereitschaft ist und bleibt wichtig, aber Risikomanagement gewinnt immer mehr an Bedeutung. Nicht nur bei internationalen Konzernen, sondern auch bei mittelständischen Firmen.

Ich kann nur jedem Unternehmer raten, sich mit wirtschaftlichen Zusammenhängen intensiv zu beschäftigen.

Unsere Geschäftspartner, vor allem Banken, Kreditversicherungen, aber auch unsere Lieferanten haben sich nämlich damals viel intensiver damit auseinandergesetzt, als wir es taten. Ein schwerer Fehler unsererseits.

Ich habe auch unterschätzt, wie wichtig es ist, die finanzierenden Partner über die laufende Entwicklung des Unternehmens proaktiv zu informieren. Es reicht heute nicht mehr aus, die Jahresbilanz nach der dritten Aufforderung zu übermitteln und zu hoffen, dass die Kreditlinien prolongiert werden. Wenn man auf Fremdkapital angewiesen ist, muss man die Banken und Versicherungen laufend informieren – und Pläne, Erfolge und Sorgen mit ihnen teilen. Hätte ich das in diesem Ausmaß gemacht, wäre heute vielleicht vieles anders.

DER LOYALITÄTS-FEHLER

Die Begeisterung der Mitarbeiter ist ein wichtiger Erfolgsfaktor für ein Unternehmen. Und je länger Mitarbeiter für das eigene Unternehmen tätig sind, desto mehr hat man als Gründer und Eigentümer das Gefühl, ihnen etwas zurückgeben zu müssen. Daran ist zunächst nichts falsch. Denn loyale Mitarbeiter sind gerade angesichts des Fachkräftemangels ein besonders wichtiger Wert des Unternehmens.

Spezialisten sind keine Führungskräfte

Problematisch wird es dann, wenn man verdiente Spezialisten zu Führungskräften macht – die aber weder von ihrer Persönlichkeit her Führungskräfte sind, noch dies jemals gelernt haben. Genau diesen Fehler haben wir bei DiTech aber leider gemacht.

In der Anfangsphase des Unternehmens waren alle Mitarbeiter Spezialisten. Personen mit besonderen Fachkenntnissen, die sich diese zumeist als Autodidakten im Selbststudium oder allenfalls durch einschlägige Ausbildungen angeeignet hatten – wie in der Branche üblich. Sie wurden eingestellt, um spezifische Probleme zu lösen, was sie auch mit großem Erfolg taten.

Keine Ahnung von Management

Mit dem Wachstum des Unternehmens veränderten sich die Unternehmensstrukturen. Abteilungen, Bereiche und Regionen waren zu verantworten. Das Einziehen einer Managementebene in die Unternehmensstruktur war erforderlich. Die besten Kandidaten für Führungsverantwortung waren in dieser Situation aus unserer Sicht selbstverständlich jene bewährten Mitarbeiter, die mit ihrem Know-how das Wachstum des Betriebs unterstützt hatten. Zum Teil geniale Experten auf ihrem klar definierten Fachgebiet, die aber von Führung und Management leider keine Ahnung hatten.

Mit der Zeit verliert man sogar bewusst wichtige Mitarbeiter, welche die unprofessionelle Führung ihrer Vorgesetzten nicht mehr aushalten und das Unternehmen verlassen. Man akzeptiert diese Entwicklung aus Angst, einen alten, loyalen Mitarbeiter ersetzen und einen Teil seiner Aufgaben vielleicht selber übernehmen zu müssen. Dabei übersieht man aber, dass man eine sozial und kommunikativ inkompetente – fachlich aber geniale – Person zu einem Manager mit der Verantwortung für viele Mitarbeiter gemacht hat.

Erst im Nachhinein erfuhren wir von so manchen untergeordneten Mitarbeitern, wie diese unter ihren Vorgesetzten gelitten hatten.

Menschlich verständlich, wirtschaftlich falsch

Sich verpflichtet zu fühlen, langjährige Mitarbeiter zu Führungskräften zu machen, ist menschlich vielleicht verständlich. Personal- und betriebswirtschaftlich ist es jedoch ein nicht zu rechtfertigender Fehler. So, wie es falsch verstandene Loyalität von Mitarbeitern gegenüber ihrem Unternehmen gibt, gibt es – selten, aber doch – falsch verstandene Loyalität von Unternehmern gegenüber langjährigen Fachkräften. DiTech war ein Unternehmen, das in dieser Loyalitätsfalle steckte.

Professionalität
macht den Unterschied

Um der Loyalitätsfalle zu entkommen, hätten zwei Dinge getan werden müssen:

Erstens müssen bei der Auswahl von Führungskräften stets klare Maßstäbe angelegt werden. Was prädestiniert Mitarbeiter zu Führungskräften? Wie sind diese dafür ausgebildet? Welche Erfahrungen haben sie in der Führung großer Teams? Es ist wichtig, hier nicht den Verkäufern in eigener Sache sowie den Manager-Darstellern auf den Leim zu gehen.

Ich habe oft die Erfahrung gemacht, dass die besten Bewerber für eine Position auf den »Verkauf« ihrer Fähigkeiten und Erfahrungen den wenigsten Wert gelegt haben. Wie man so schön sagt: »Sie konnten sich nicht verkaufen«. Dafür habe ich mehrmals den Fehler gemacht Mitarbeiter einzustellen, die fachlich zu wenig versiert waren, es aber geschafft haben, mit ihrer Überzeugungskraft und ihren kommunikativen Fähigkeiten zu punkten. Ich habe sie eingestellt, weil sie sich gut verkaufen konnten. Zwar habe ich solche personellen Fehlentscheidungen bereits nach wenigen Monaten erkannt und bereut – und mich von diesen Selbstdarstellern wieder getrennt. Doch diesen Fehler habe ich leider nicht nur einmal gemacht.

Rückblickend betrachtet ist klar: Die professionelle Auswahl von Mitarbeitern – vor allem von Führungskräften – ist immer eine Investition, die sich lohnt.

Feedback ernst nehmen

Zweitens sollte man auch mit jedem Mitarbeiter im Betrieb eine lebendige Feedback-Kultur pflegen, egal auf welcher Stufe der Unternehmenshierarchie er oder sie arbeitet. Ich habe mitunter die Signale mancher Mitarbeiter unterschätzt. Mitarbeiter, die mir zum Beispiel deutlich machen wollten, dass sich jemand viel besser inszeniert als er Leistung erbringt. Oder Mitarbeiter, die über mangelnde Führungskompetenz und fragwürdige Methoden ihrer Führungskraft klagten. Ich habe diese Kritik zwar gehört, aber zu wenig ernst genommen. Ich habe diese Signale zwar empfangen, aber damit abgetan, dass es schließlich kaum Mitarbeiter gibt, die mit ihren Vorgesetzten zufrieden sind. Es ist aber eben nicht nur entscheidend, ob die Zahlen einer Abteilung stimmen. Man muss auch darauf achten, ob diese Abteilung gut und richtig geführt wird.

Gerechtfertigte Fehlentscheidung

Ein damit einhergehender Fehler ist es, sich offenkundig falsche Personalentscheidungen schönzureden. Man ist der Überzeugung, dass die betroffene Fachkraft unersetzlich ist. Dass das Unternehmen ohne diese Person nicht funktioniert. Man ist überzeugt, dass die betroffene Person eigentlich doch die richtige für den Führungsjob ist und die positive Entwicklung der Kennzahlen dies auch belegt.

Nicht außer Acht lassen darf man auch die finanzielle Komponente: Für einen Unternehmer ist es eine unglaubliche Überwindung, einen Mitarbeiter einzustellen, der mehr verdient als er selbst. Wenn man sich dann doch dazu durchgerungen hat, setzt man im Nachhinein alles daran, diese Entscheidung zu rechtfertigen. Auch wenn die Fakten eine falsche Entscheidung nahelegen.

Unternehmen im Unternehmen

Zwischen guten und schlechten Führungskräften liegen Welten. Gute Führungskräfte lassen Mitarbeiter wachsen, entwickeln diese weiter. Zum Nutzen des Unternehmens. Schlechte Führungskräfte entwickeln eigene »Regimes«. Ein eigenes Unternehmen im Unternehmen. Zu ihrem eigenen Nutzen oder zum Nutzen ihrer Seilschaft.

Ich habe nach der Insolvenz zahlreiche Mitarbeiter getroffen und bei einem gemütlichen Bier viele Geschichten erfahren. Die Hierarchie eines Unternehmens existiert nach einem Konkurs nicht mehr – man muss keine Angst haben, offen über seinen ehemaligen Vorgesetzen zu sprechen. Viele dieser Erzählungen haben mir die Augen für Dinge geöffnet, die ich schon vorher hätte erkennen müssen.

Gute Mitarbeiter sagen auch »Nein«

Gute Führungskräfte haben die Courage, dem Unternehmer auch einmal ein »Nein« ins Gesicht zu sagen. Dann, wenn sie eine Entscheidung für falsch halten und dies auch gut begründen können.

Schlechte Führungskräfte loben und bestätigen alles, was der Unternehmer macht. Sie imitieren ihn in seinen Gewohnheiten und seinem Auftreten. Sie nützen jede Gelegenheit, um Freizeit mit dem Unternehmer zu verbringen – weil dies ihren Status im Betrieb enorm steigert. Sie sind kein notwendiges Korrektiv, sondern ein betriebliches Problem.

Ein solcher »Führungsstil« homogenisiert die Kultur eines Unternehmens. Alle »ticken« gleich. Es kommen auch nur mehr Mitarbeiter hinzu, die gleich denken und funktionieren. Das tut keinem Unternehmen gut.

Beteiligung und Führung trennen

Nur in den seltensten Fällen ist es uns gelungen, aus erfahrenen Spezialisten wirklich gute Führungskräfte zu machen. Manche Profis waren sogar mit einer kleinen Abteilung überfordert. Deshalb ist es wichtig, sich bei Führungskräfte-Entscheidungen nicht von falsch verstandener Loyalität und Sympathie leiten zu lassen.

Ab einem gewissen Managementlevel sind professionelle und erfahrene Führungskräfte und Manager unverzichtbar. Heute handle ich anders. Ich beteilige verdiente Mitarbeiter am Unternehmen. Aber das Führen werde ich den Profis überlassen.

Komplementär statt homogen

Auch wenn es darum geht, Mitarbeiter als Partner ins Unternehmen zu holen, sollte man nicht in die Homogenitätsfalle tappen. Wer Partner sucht oder hat, die das gleiche Kompetenzprofil haben wie man selbst, ist auf dem Holzweg. Denn dann macht man einfach nur parallel das Gleiche. Das bringt nichts. Und erleichtert allenfalls die Trennung.

Entscheidend ist es, Partner zu finden, mit denen man sich perfekt ergänzt. Weil sie komplementäre Fähigkeiten zu den eigenen besitzen. Gerade die Erfolgsstorys der Gründer von Apple und Microsoft haben gezeigt, wie unterschiedlich Erfolgspartner sein können und müssen. Falsch verstandene Loyalität gegenüber Mitarbeitern und zu viel Homogenität in der Belegschaft sind Fehler, die man von Anfang an vermeiden sollte.

DER FESTHALTE-FEHLER

Ich habe bereits beschrieben, wie gefährlich zu schnelles, überhitztes Wachstum für ein Unternehmen ist. Aber man muss sich bewusst sein, dass Wachstum per se eine Einbahnstraße für ein Handelsunternehmen ist. Handelsunternehmen sind zum Wachsen verdammt. Steigende Gehälter, steigende Mieten, steigende Kosten, sinkende Preise, sinkende Margen: Das prägt den Alltag vieler Handelsunternehmen – und erfordert ein entsprechendes Umsatzwachstum.

Kein Weg zurück

Natürlich kann man die Geschwindigkeit des Wachstums steuern. Manchen Unternehmen reicht es, mit

5 Prozent im Jahr zu wachsen. Bei DiTech waren es bis zu 30 Prozent pro Jahr.

Was man nicht beeinflussen kann, ist die Richtung des Wachstums. Man muss weiter in der Einbahnstraße Wachstum fahren, denn ein erfolgreiches »Schrumpfen« war und ist in dieser Branche ab einer gewissen Unternehmensgröße kaum möglich. Mietverträge für Filialen werden über Jahre abgeschlossen, Investitionen sind getätigt – es gibt keinen Weg zurück. Zudem braucht man Wachstum, um für die Kunden bessere Preise erzielen zu können und wettbewerbsfähig bleiben zu können.

Falsche Hoffnung

Die Einbahnstraße des Wachstums prägt das eigene unternehmerische Denken massiv. Man hält Kurs. Man legt sich nicht Gewinne zur Seite und baut auch kein Eigenkapital auf. Sondern man investiert das Geld in weiteres Wachstum. Oder anders ausgedrückt: in die Hoffnung auf eine Rückkehr zum Wachstum.

Genau das ist bei DiTech passiert: Als die finanzielle Lage aus den oben beschriebenen Gründen kritisch wurde, habe ich es nicht geschafft, zum richtigen Zeitpunkt von der Einbahnstraße abzubiegen. Obwohl es bereits eindeutig und unwiderruflich bergab ging.

Neustart statt Abwehrkampf

Mit anderen Worten: Wir wollten den Tatsachen nicht ins Auge blicken und haben dem schlechten Geld noch viel gutes Geld nachgeworfen. Die letzten 120.000 Euro, die wir hatten, haben wir in eine Kapitalerhöhung und in weitere Sicherheiten für die Banken investiert. Dazu haben wir weitere Privathaftungen übernommen und die Anteile der Firma verpfändet. Das war persönlich vielleicht verständlich, denn als Unternehmer tut man alles, um den Bestand und die Zukunft seines Unternehmens sicherzustellen.

Aber betriebswirtschaftlich gesehen war diese Entscheidung falsch. Denn dieses Geld wäre sinnvoller in einen unternehmerischen Neustart investiert gewesen. Wir haben mit DiTech einen Abwehrkampf gegen die Insolvenz nicht bis zur letzten Minute geführt, sondern leider weit darüber hinaus. Wir haben nicht rechtzeitig »stopp« gesagt und erkannt: Hier verlassen wir die Einbahn, in der wir als Unternehmen bergab fahren – und setzen unseren Weg auf einer anderen Straße fort, auf der es wieder bergauf geht.

Rechtzeitig loslassen

Es ist wichtig, dass man als Unternehmer sein »Lebens-werk« auch loslassen kann. Und nicht krampfhaft an etwas festhält, das nicht mehr zu retten ist. Man muss den richtigen Zeitpunkt erkennen, wann ein Unterneh-men nicht mehr zu retten ist. Und dies auch akzeptieren. Der Fokus muss dann am Neustart liegen.

Diese Situation ist mit einem Schachspiel vergleichbar: Gute Spieler, die erkennen, dass sie in wenigen Zügen schachmatt sind, geben auf. Denn es gibt nichts mehr zu investieren. Man beginnt lieber die nächste Partie, um diesmal zu gewinnen.

Wir haben bei DiTech zu lange am Bestand des Unter-nehmens festgehalten und zu viel verspielt. Dieser Umstand macht den Neustart schwieriger. Aber natür-lich nicht unmöglich.

Aus den besten Fehlern lernen

Ich habe in diesem kleinen Ratgeber meine Geschichte des Erfolges, meine Geschichte des Scheiterns und meine besten Fehler zusammengefasst. Für alle, die unterneh-merisch denken und handeln. Für alle, die Unternehmer waren und sind. Für alle, die Mut und Risikobereitschaft zeigen – und die sich von notorischen Unterlassern nicht davon abhalten lassen sollten, ihre unternehmerischen Ideen in die Tat umzusetzen.

Ich habe diesen Ratgeber für Unternehmer geschrieben, damit diese aus »meinen besten Fehlern« lernen können – und es besser machen. Vielleicht hilft mein Buch auch, die heutzutage gesellschaftlich verbreitete Meinung zu revidieren, dass Scheitern für Unternehmer ein Tabu ist – und klarzustellen, dass zum Unternehmertum das Scheitern einfach dazugehört.

#startupagain

Ich könnte noch ewig weiterschreiben. Über die Geschichte von DiTech. Über meine Erlebnisse mit Menschen, Unternehmen und Institutionen.

Doch irgendwann muss man einen Punkt machen. Und mit voller Kraft und Energie in die Zukunft gehen. Mein Fokus richtet sich nun auf meine neue Geschäftsidee. Auf mein neu gegründetes Unternehmen. Ihm gilt jetzt meine volle Aufmerksamkeit. Daran arbeite ich. Mit voller Kraft. Mit vielen neuen Ideen. Und mit dem Wissen, dass ich meine besten Fehler nicht noch einmal mache.

In diesem Sinn: #startupagain